儿童恐龙百科全书

植食恐龙

ZHISHI
KONGLONG

古生物学家"中国龙王"
董枝明　编著

央美阳光　绘

化学工业出版社

·北京·

图书在版编目（CIP）数据

儿童恐龙百科全书.植食恐龙／董枝明编著；央美阳光
绘.—北京：化学工业出版社，2016.10（2024.1重印）
ISBN 978-7-122-28174-6

Ⅰ．①儿… Ⅱ．①董… ②央… Ⅲ．①恐龙-儿童读
物 Ⅳ．① Q915.864-49

中国版本图书馆CIP数据核字（2016）第231539号

责任编辑：丁尚林　刘亚琦　　　　　　责任校对：陈　静
装帧设计：尹琳琳

出版发行：化学工业出版社（北京市东城区青年湖南街 13 号　邮政编码 100011）
印　　装：北京宝隆世纪印刷有限公司
889mm×1194mm　1/16　印张 5　　2024 年 1 月北京第 1 版第 11 次印刷

购书咨询：010-64518888　　　　　　售后服务：010-64518899
网　　址：http://www.cip.com.cn
凡购买本书，如有缺损质量问题，本社销售中心负责调换。

定　　价：25.00 元

前言

　　这是一群令人称奇又感到恐怖的动物，它们拥有庞大的身体和无穷的力量，它们曾称霸地球长达1.6亿年之久，它们经历了地壳板块运动和环境变化的重要过程，它们在一场未知事件中全部离奇死亡、消失，只留下一些残骸断片作为生命的证据。

　　它们，就是恐龙，地球曾经的主宰者。

　　按着食性，恐龙分为肉食恐龙与植食恐龙。那犹如高楼的植食恐龙是不是让你震惊不已，当然还有敢于和霸王龙斗争的三角龙更是让人记忆深刻……它们有一个共同特点那就是以灌木、树叶等植物为食。因为它们没有锋利的牙齿和爪，它们的牙齿呈勺状、棒状或者叶片状。并且植食恐龙多为四足行走，头小体大，不具备尖牙利爪之类的进攻性武器，但部分植食恐龙有防御型结构，如骨板、骨刺或角等。

　　其中，梁龙科恐龙以超级长脖子和像鞭子一样的长尾巴而著名，是恐龙王国典型的"巨人"。在恐龙时代末期登场的三角龙，是角龙家族中最著名的一种，被称为"角龙之王"。当三角龙遭到攻击时，它们会收缩庞大的身体，将尖角指向对方，吓退敌人。而剑龙类最突出的特点就是其颈部至尾部有两排突出的骨板或剑板，尾巴上还武装着可怕的刺突，不过剑龙类恐龙是恐龙王国中最先灭亡的一支。

　　本分册由中国"恐龙之父"董枝明教授及写实绘画团队共同完成，以精美的图片，恢宏的场景及生动的文字，再现了史前各种植食恐龙的生存条件与生活环境。如蜥脚类恐龙中的板龙科、圆顶龙科、梁龙科、马门溪龙科、腕龙科等，鸟脚类恐龙中的异齿龙科、禽龙科、鸭嘴龙科等，还有剑龙类、甲龙类、角龙类等恐龙。其代表恐龙有板龙、圆顶龙、梁龙、马门溪龙、腕龙、异齿龙、禽龙、鸭嘴龙、剑龙、甲龙、三角龙等。

　　现在，让我们一起走进《儿童恐龙百科全书——植食恐龙》，一探植食恐龙的奥秘吧！

目录

板 龙
Plateosaurus

　　板龙得名于腰带上一块像板子似的耻骨。在恐龙刚刚出现的三叠纪，板龙是恐龙王国的第一批"素食巨人"，就像一辆公共汽车，全长可达 7 米，高可达 3.5 米，它们也是板龙科最大的成员。板龙是一个大胃王，从低矮的蕨类植物到高高的树叶，它们会一股脑地塞进嘴巴。在植物缺乏的季节，它们还会集体迁徙，而在穿越沙漠的路上，常常会发生集体遇难的惨案。

恐龙档案

生活时期	三叠纪晚期
栖息环境	干旱的平原、沙漠
食　　物	蕨类、嫩树叶
化石发现地	法国、德国、瑞士

禄丰龙
Lufengosaurus

禄丰龙是在我国云南省禄丰盆地发现的一种恐龙，大小和一匹马差不多，古生物学家认为，它们是后来许多高大的植食恐龙的祖先。目前禄丰龙的化石在恐龙界已连夺多项冠军：发现种类最齐全的化石；数量最多的化石；分布最集中的化石；保存最完整的化石。迄今为止，除了在我国，世界上其他地方还没有发现禄丰龙的任何痕迹。

恐龙档案

生活时期　侏罗纪早期

栖息环境　森林

食　　物　苏铁和针叶植物的叶子

化石发现地　中国云南省禄丰

大椎龙科

大椎龙 *Massospondylus*

恐龙档案

生活时期	侏罗纪早期
栖息环境	低地和沙漠平原
食　　物	植物或小动物
化石发现地	美国、莱索托、纳米比亚、津巴布韦

大椎龙又名巨椎龙，意为"有巨大脊椎的恐龙"。这是由于古生物学家第一次发现它们时，只有几块巨大的脊椎骨。除了脊椎，这种恐龙还有一个独特的地方——牙齿。它们前端的牙齿呈圆形，后端的牙齿呈刀片状，这种"组合型"牙齿说明，大椎龙不挑食，那些粗糙的植物对它们来说简直是"小菜一碟"！

蛋化石

1977 年，在南非金门高地国家公园发现了 7 颗蛋化石，经研究其大约是 1.9 亿万年前的大椎龙蛋，而蛋化石中的胚胎直到近 30 年后才取出。这是目前发现的最古老的恐龙胚胎。

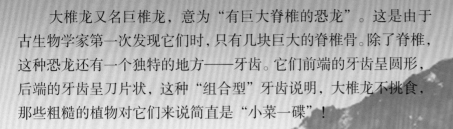

大椎龙骨架

大椎龙胚胎化石

鲸龙科

蜀 龙 *Shunosaurus*

蜀龙的化石首次发现于我国四川省自贡市的大山铺地区。迄今为止已经出土了一具保存相当完好的骨骼化石，其也是第二种形态比较清晰的蜥脚类恐龙化石。这种恐龙身体强壮结实，颅骨长而扁，匙状牙齿小而坚硬，四足行走但后肢明显长于前肢。它们过着集体生活，经常一大群地在湖边、沼泽边晃悠，寻找鲜嫩的食物。

尾锤

1989 年，古生物学家发现蜀龙的尾巴末端有一个骨质的棒子，其是增生的脊椎所形成的"尾锤"。这个尾锤呈椭圆状，大小就像一个足球，可能是蜀龙独特的防身武器，用来击退肉食恐龙。

李氏蜀龙

蜀龙家族有一位叫李氏蜀龙的成员，它不仅是世界上最早发现的长着"尾锤"的恐龙，还是四川大山铺地区发现化石最多的一种恐龙，其中大约有 30 具骨骼化石都保存得相当完整，简直令人震惊！所以，这种侏罗纪的恐龙动物群又被称为"蜀龙动物群"。

牙齿

蜀龙的牙齿像一把把铲子，长而细，其中前颌齿有 4 颗，颌齿有 17～19 颗，白齿一般为 21 颗。这种牙齿构造使得蜀龙平时多以柔嫩多汁的植物为食。

恐龙档案

生活时期　侏罗纪中期

栖息环境　河畔湖滨地带

食　物　植物

化石发现地　中国四川省自贡市

鲸 龙 *Cetiosaurus*

　　1841 年，人们以零星发现的牙齿和骨头将这种恐龙命名为鲸龙，因为这些化石看起来就像是来自海中的巨鲸。鲸龙是一种四足行走的植食恐龙，头小、脖子长、尾巴短，脊椎骨几乎是实心的，但上面有许多海绵状的孔洞。鲸龙的脖子无法灵活活动，只能在差不多 3 米的范围内左右摇摆。

恐龙档案

生活时期	侏罗纪中期
栖息环境	泛滥平原及稀疏林地
食　物	蕨类和灌木
化石发现地	非洲北部、英格兰

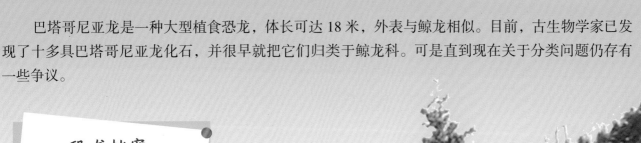

巴塔哥尼亚龙 *Patagosaurus*

　　巴塔哥尼亚龙是一种大型植食恐龙，体长可达 18 米，外表与鲸龙相似。目前，古生物学家已发现了十多具巴塔哥尼亚龙化石，并很早就把它们归类于鲸龙科。可是直到现在关于分类问题仍存有一些争议。

恐龙档案

生活时期　　侏罗纪中期

栖息环境　　平原

食　　物　　植物

化石发现地　　阿根廷

圆顶龙 *Camarasaurus*

圆顶龙是侏罗纪晚期北美大地上最常见的恐龙，名字来源于其独特的拱形头颅骨。这种恐龙不太聪明，但是非常温顺，平时成群生活在一起。圆顶龙的脊椎上可能有孔洞，以便减轻脊椎骨的重量，这也说明圆顶龙是一种较为高级的蜥脚类恐龙。

恐龙档案

生活时期	侏罗纪晚期
栖息环境	平原
食　　物	粗硬的植物
化石发现地	美国、墨西哥

圆顶龙头骨化石

牙齿

圆顶龙的牙齿粗大，呈勺形，当牙齿被严重磨蚀后，还会长出新的牙齿来代替原来的旧牙。所以圆顶龙会吃那些粗糙、坚硬的植物。

消化系统

圆顶龙吃食时从不咀嚼，而是将蕨类或裸子植物的叶子整片吞下。不过圆顶龙的消化系统非常强大，它们还会吞下砂石来帮助胃消化食物。

繁殖

在繁殖期，圆顶龙从不做窝，也不会照顾幼龙，而是一边走路一边生蛋。这从圆顶龙蛋化石被发现时都是呈一条线，而不是排列在巢穴之中就可以推测得出。

模样大变

小圆顶龙体长只有几米，脑袋和眼睛很大，脖子很短，骨骼上的骨缝还没有完全愈合，看起来就像是一头小马驹。可是当它们长大后，体长可达 20 米，体重可达 30 吨。

梁龙科

迷惑龙 *Apatosaurus*

迷惑龙是侏罗纪时期非常繁盛的一种恐龙。可由于其骨骼脆弱，留下的化石非常稀少，特别是头骨。目前，最完整的一具迷惑龙化石既有头骨又有大部分身体骨骼，为人类了解这种恐龙提供了重要证据。迷惑龙体型巨大，行进时发出的声音如雷声一般，所以它们也被叫作雷龙。

恐龙档案

生活时期	侏罗纪晚期
栖息环境	平原与森林
食　　物	羊齿类、苏铁类植物
化石发现地	美国、墨西哥

超 龙 *Supersaurus*

　　超龙又名超级龙，化石最早发现于1972年的美国科罗拉多州，虽然只是零碎的、不起眼的化石，却令古生物学家们吓了一跳，因为这些化石实在太庞大了。比如，它的一块肩胛骨长约2.5米，宽约1米，如果立起来比一个成年人还要高。同时，其骨盆长约1.8米、肋骨长约3.1米，根据这些，古生物学家推测，成年超龙体长可达33～34米，体重可达35～40吨，因此在阿根廷龙被发现之前，超龙一直被认为是地球上最庞大的陆生动物。

恐龙档案

生活时期	侏罗纪晚期
栖息环境	平原
食　物	植物
化石发现地	美国

重 龙 *Barosaurus*

　　重龙几乎是北美洲最高的恐龙，其化石最早发现于美国犹他州的卡内基采石场。重龙的颈部由至少 16 节脊椎骨支撑着，其中最长的脊椎骨可达 1 米，因此整条脖子长可达 10 米，简直令人吃惊。不过，幸好其颈椎骨上有深深的孔洞，可以减轻脖子的重量，否则重龙很难抬起头来。不过，这么长的脖子使心脏的血液很难输送到头部，所以古生物学家猜测重龙可能有多个心脏，每一个心脏只需大到足够把血液送到下一个心脏就够了，也有人认为重龙有一个特大型心脏，它有足够的动力将血液送到头部。

　　此外，这条长脖子使得重龙不得不长出一条长的尾巴，只有这样身体才能保持平衡，稳稳地站住。

重龙骨架模型，位于美国自然历史博物馆。

化石发现

19世纪晚期在北美爆发了"骨头大战"，许多化石猎人为了超过对方，四处寻找化石，因此这段时期有许多新化石不断被挖掘出土。1922年，在美国犹他州卡内基采石场，一位化石猎人一下子发现了3件巨大的骨骼化石，后来被命名为重龙。

天敌

重龙体型高大，群居生活，同时前脚趾长有大而弯曲的尖爪，可以作为攻击武器，尾巴摆动起来也充满威力。不过，在竞争异常激烈的年代，凶狠强悍的肉食恐龙仍然威胁着重龙的安全，特别是异特龙，它可以在短时间内成功捕获一只重龙。

低头进食

重龙有一条长脖子，但它们可能无法像现在的长颈鹿那样，长时间抬头去吃高处的树叶。据古生物学家研究，重龙如果抬头食用树上的叶子，就要将身体的血液输送到脑袋，这需要一个极为强壮的心脏。可是心脏越大，心跳会越慢，所以可能血液还没有到头部，它们的心跳就会停止。所以，重龙现在被认为是主要以地面植物为食。

恐龙档案

生活时期	侏罗纪晚期
栖息环境	季节性洪水淹没的平原
食　　物	植物
化石发现地	美国犹他州、东非坦桑尼亚

梁 龙 *Diplodocus*

梁龙凭借一条超级长的尾巴在恐龙王国中独树一帜，这条尾巴实在太长了——如果把梁龙的尾巴立起来，相当于5层楼那么高；如果把梁龙的尾巴放倒在地上，那么至少需要13个成年人头脚相连地躺在地上才能超过它，所以梁龙现在被称为尾巴最长的恐龙。

恐龙档案

生活时期　侏罗纪晚期

栖息环境　平原

食　　物　苏铁、树叶

化石发现地　非洲、欧洲、美洲

人字骨

梁龙的尾椎下方有一双叉形人字骨。这些骨头最初被认为是梁龙独有的特征，不过后来在其他梁龙科、非梁龙科恐龙化石中也有发现。

鼻孔

当它们在陆地上遭遇肉食恐龙的袭击时，会快速寻找湖泊，逃入水中躲藏起来，只将鼻孔露出水面便于呼吸，从而躲过追杀。

脚步声

梁龙是一种群居恐龙，它们不会发声，平时都是用"脚步"进行交流。沉重的脚步声会远远传来，就算同伴无法看到，也会很快从脚下感觉到，顺利找来。

尾巴

和地震龙一样，梁龙那惊人的长尾巴也像一条结实的鞭子，是它们御敌的重要武器，可以快速挥动，狠狠地打击敌人。

地震龙 *Seismosaurus*

地震龙化石最初被发现时，古生物学家认为其体长可达 40 ～ 52 米，体重可达 100 ～ 130 吨，毫无疑问是地球上最庞大的动物。虽然由于越来越多的化石出土，现在地震龙的惊人数据在大大缩水——体长 30 ～ 40 米、体重 40 ～ 50 吨，但地震龙依然超越大个头腕龙、雷龙等，是有史以来陆地上最长的动物之一。

四肢

地震龙的后肢比较短，因此身体呈拱形。它们用四只脚行走，走得缓慢又笨重。每当一群地震龙行走时，常常会发出"轰隆轰隆"声，这时整个大地都在颤动，就像地震一样，所以"地震龙"可不是徒有虚名哦！

牙齿

地震龙的脑袋和嘴巴都很小。细小而呈扁圆形的牙齿只长在嘴的前部，后部几乎没有任何可以用来咀嚼的牙齿，所以地震龙吃植物时，从来不咀嚼，而是一口吞下肚。

尾巴

地震龙细长的尾巴由70多块骨骼连接而成，比其身体、脖子合起来都要长。这条尾巴像鞭子一样，既可以不断地抽打，帮助它们抵御敌害，还可以和两条后腿组成一个坚固的"三角形支架"，使得地震龙站立起来，用前肢进行自卫。

恐龙档案

生活时期	侏罗纪晚期
栖息环境	森林、平原
食　物	植物的叶子
化石发现地	美国

弯曲的爪

地震龙的每只脚上有4个脚趾，而前肢内侧的脚趾上有一个弯曲而巨大的爪，其是锋利的自卫武器。同时，这个利爪可以像人类鞋的后跟一样，将地震龙的脚掌完全垫起来，那样地震龙走路时就不会发出"轰隆隆"的声音，从而可以躲过许多肉食恐龙的围捕和攻击。

胃石

为了解决消化问题，地震龙像其他植食恐龙一样，也会吃下许多石子，大的如拳头，小的如鸡蛋，石子在胃里相互摩擦，促进消化。古生物学家曾经在美国新墨西哥州挖出一块地震龙的肋骨化石，里面竟然有230多颗胃石，这样的数量还真是令人震惊啊！

马门溪龙科

马门溪龙 *Mamenchisaurus*

　　1952年，一支建筑队在我国重庆市马鸣溪地区施工时，偶然发现了许多奇怪的骨头，后来经著名古生物学家杨钟健教授进行鉴定后，确认其是一种世界上还没有被发现过的新的恐龙化石，于是便以其发现地为其命名。可是，由于杨钟健教授是陕西人，说"马鸣溪"时就像是"马门溪"，于是，这些恐龙就阴差阳错地成了"马门溪龙"。

马门溪龙的脖子非常长，约占身体的一半，如果和现在脖子最长的动物长颈鹿比试，也足有它的 3 个脖子那么长。不过，因为颈椎骨数量很多，而且相互叠压在一起，所以马门溪龙的长脖子十分僵硬，很难灵活地转动。

恐龙档案

生活时期　侏罗纪晚期

栖息环境　三角洲和森林区域

食　　物　叶子和嫩芽

化石发现地　中国

马门溪龙骨架

峨眉龙 *Omeisaurus*

峨眉龙是在我国四川省峨眉山地区发现的一种新的恐龙化石。这种恐龙个头高，身体壮，颈部长，颈椎数量多达 17 节，但是没有什么防御武器，所以是许多肉食恐龙的猎物。目前，总共发现了 6 种峨眉龙化石，而且全部是在我国发现的，它们分别是荣县峨眉龙、长寿峨眉龙、釜溪峨眉龙、天府峨眉龙、罗泉峨眉龙和毛氏峨眉龙。其中，最小的是釜溪峨眉龙，体长只有 11 米左右，而天府峨嵋龙单是脖子就有足足 9 米长！

恐龙档案

生活时期　侏罗纪中晚期

栖息环境　内陆湖泊边缘

食　　物　植物

化石发现地　中国

天山龙 *Tienshanosaurus*

天山龙意为"天山的蜥蜴",是一种体型为中等大小的恐龙,前肢较短,肩胛骨较长。最早是我国地质学家袁复礼在新疆准噶尔盆地发现了一具不完整的恐龙化石,后来经过古生物学家杨钟健的研究,于 1937 年被描述、命名为奇台天山龙,从此揭开了准噶尔盆地大规模发掘恐龙的序幕。

恐龙档案

生活时期	侏罗纪晚期
栖息环境	荒漠
食　　物	植物
化石发现地	中国新疆

腕 龙 *Brachiosaurus*

与其他巨型植食恐龙一样，腕龙也长着长脖子、小脑袋，还有一条短粗的尾巴，四足行走，前肢明显比后肢长，因此整个身体沿肩部向后倾斜，类似现在的长颈鹿。腕龙是一种非常有名气的恐龙，也是有史以来陆地上最巨大的动物之一。虽然目前出土了超龙、特超龙、地震龙等可能比腕龙更巨大的恐龙化石，但是由于还没有挖出完整的骨骼化石，无法确定猜测是否正确，所以腕龙的地位还无法被动摇。

脖子

腕龙也有一条超级长脖子，和以脖子闻名的马门溪龙相比，腕龙的脖子虽然短一些，但是十分柔软、灵活，可以抬起小脑袋吃到高树上的叶子。而马门溪龙的脖子十分僵硬，只能左右小范围内摆动。

鼻子

腕龙头顶上的丘状突起就是它的鼻子。由于鼻孔位置很高，在过去几十年间，腕龙一直被认为是在水中生活的恐龙，它们遇到危险时，也首先会潜入水中躲藏，只将鼻孔露出水面呼吸。不过实际并非如此，因为腕龙的四脚过于狭窄，根本不适合在水中移动，而且水压也会使它们的肺部破裂。

恐龙档案

生活时期	侏罗纪晚期
栖息环境	平原
食　　物	树叶和针叶树的嫩枝
化石发现地	东非、美国

生活环境

腕龙生活的时期有大量蕨类、苏铁科、松科及银杏等树木，所以食物较为丰富。不过同时也有许多危险的敌人，比如异特龙、蛮龙等肉食恐龙，所以幼年腕龙会成群活动，而成年腕龙因为体型巨大，不惧肉食恐龙的袭击，多单独活动。

粪便

腕龙需要吃大量的食物，以补充身体生长和活动所需的能量。一只大象一天能吃大约150千克的食物，腕龙每天能吃大约1500千克，相当于大象食量的10倍！而腕龙一次拉的粪便就有1米高，十分吓人。

第二大脑

由于身体实在太庞大了，腕龙除了用小脑袋里的大脑控制脖子和身体外，腰部还有一个膨胀、变大的中枢神经，其被称为"第二大脑"，分管内脏和四肢。

侧空龙 *Pleurocoelus*

目前，虽然已发现了数具侧空龙身体骨骼化石，可由于其属于幼年体，且关节脱落，保存状态极差，因此很难进行全面的修复鉴定。但古生物学家依然推测出这种恐龙身长 9 ～ 18 米，体重 20 ～ 45 吨，属蜥脚类恐龙。1997 ～ 2009 年，侧空龙是美国得克萨斯州的州恐龙，之后被帕拉克西龙取代。

恐龙档案

生活时期	白垩纪早期
栖息环境	森林
食　　物	植物
化石发现地	北美洲

波塞东龙 *Sauroposeidon*

　　白垩纪时期的北美洲，蜥脚类恐龙的数量不断减少、体型逐渐缩小，出现衰退迹象。而1994年发现于美国俄克拉荷马州的波塞东龙，则被认为是北美洲最晚出现的大型腕龙类恐龙，其化石包括4块颈椎骨，经估计，这种恐龙身长30～34米，高有17米，体重50～60吨，可能是目前已知最高的恐龙，但并非是最长、最庞大的恐龙。

恐龙档案

生活时期　白垩纪早期

栖息环境　森林

食　　物　植物

化石发现地　北美洲

火山齿龙科

火山齿龙 *Vulcanodon*

　　火山齿龙是已知最早的蜥脚类恐龙之一，首批化石在 1972 年发现于非洲津巴布韦的一处火山灰中，故得此名。而在其骨骼化石中还有数颗短刃状牙齿，起初认为这些牙齿是火山齿龙的，使火山齿龙被认为是种杂食性的蜥脚类恐龙。后来进一步研究发现，这些牙齿的主人可能是吃掉火山齿龙的某种兽脚类恐龙。

恐龙档案

生活时期	侏罗纪早期
栖息环境	森林、平原
食　　物	植物
化石发现地	非洲南部

巨脚龙 *Barapasaurus*

　　巨脚龙得名于其像大象一般的后肢和后掌，尽管个头很大，长着树叶状带锯齿的牙齿，但巨脚龙是温顺的植食恐龙。

　　目前，只在印度发现了一具巨脚龙化石，且没有头骨和足骨，所以古生物学家一直没有对巨脚龙进行完整的描述，只是把它们暂时划分到了蜥脚类恐龙家族。如果以后发现更多巨脚龙化石，说不准巨脚龙会被重新分到其他家族，或者成为一个独立的新家族。另外，巨脚龙的脊椎是中空的，这点非常特别。

恐龙档案

生活时期	侏罗纪早中期
栖息环境	平原
食　　物	植物
化石发现地	印度

泰坦龙科

泰坦龙 *Titanosaurs*

　　泰坦龙是恐龙家族中分布最为广泛的恐龙，头小、颈短、尾长、四肢粗壮，其最特别之处在于尾脊椎开始处的球凸和凹窝铰合处。阿根廷古生物学家曾发现一具幼年泰坦龙的骨骼化石。这只泰坦龙的骨骼化石除了头部和颈部，从肋骨到尾巴几乎完整无缺，甚至一只脚上的脚趾和爪子都保存得相当完好。目前，在全世界只发现了一两具具备完整脚部的泰坦龙骨骼化石。

恐龙档案

生活时期	白垩纪晚期
栖息环境	森林、平原
食　　物	植物
化石发现地	欧洲、非洲、亚洲、南美洲

萨尔塔龙 *Saltasaurus*

　　1980 年，萨尔塔龙的化石首次发现于阿根廷的萨尔塔省。在这之前，蜥脚类恐龙被认为其以巨大的体型作为防御手段，不过萨尔塔龙骨骼化石周围却分布着成千上万片如豌豆形的骨甲，直径介于 0.5 ~ 11 厘米，这在蜥脚类恐龙化石中尚属首次发现。萨尔塔龙的腿很粗壮，灵活的尾巴和后肢可以支撑起庞大的身体，直立着身子进食。

恐龙档案

生活时期　白垩纪晚期

栖息环境　树林

食　　物　植物

化石发现地　阿根廷、乌拉圭

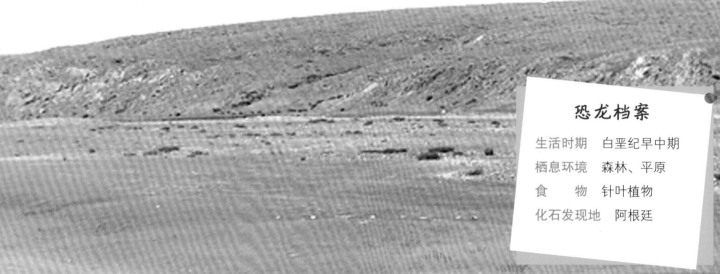

阿根廷龙 *Argentinosaurus*

恐龙档案

生活时期　白垩纪早中期
栖息环境　森林、平原
食　　物　针叶植物
化石发现地　阿根廷

　　阿根廷龙最显著的特征就是体型巨大、四肢粗壮。虽然现在只发现了几块脊椎骨和腿骨化石，但其大小足以令人震惊，其中一块脊椎骨高可达 1.5 米，古生物学家按比例进行测算后，估计这种恐龙身长在 35 ~ 45 米之间，体重在 80 ~ 100 吨之间，即使不是最长的恐龙，也是目前发现的最大的陆地恐龙之一。

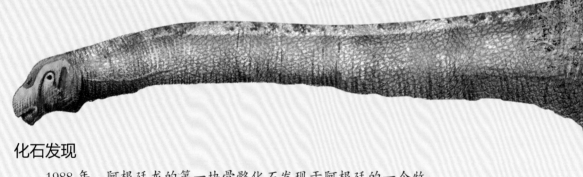

化石发现

　　1988 年，阿根廷龙的第一块骨骼化石发现于阿根廷的一个牧场中。可是直到几十年后的今天，除了一些零碎骨头外，还没有发现一具完整的这种庞然大物的骨架化石。

成长之谜

　　阿根廷龙体型巨大，号称"巨无霸"，这与其生长环境有关。阿根廷龙的祖先生活在侏罗纪时期，当时气候温暖，植物茂盛，所以它们长得极为庞大。到了白垩纪时期，由于地球环境发生很大变化，大部分蜥脚类恐龙无法适应新环境，纷纷死去，而生活在南美洲的阿根廷龙不但很好地适应了新环境，反而长得比自己的祖先还要庞大。

博物馆陈列的阿根廷龙化石

天敌

在过去很长一段时间，人们认为阿根廷龙没有任何天敌，它们凭借巨大的体型完全可以逼退那些肉食恐龙的袭击。直到 1995 年，一位英国古生物学家在一块阿根廷龙的颈骨化石上发现了明显的牙齿咬痕，随后挖掘出了一具巨大的巨兽龙的骨架，这才使以往的观点得以改变。巨兽龙虽然凶猛，但体型较小，所以它们可能采用群体进攻的方式来围攻一只年老或体弱的阿根廷龙。

"恐龙蛋"路

阿根廷龙体型相当于 20 头大象，不过，它们的蛋却只有橄榄球那么大。古生物学家曾发现过几千枚恐龙蛋化石，这些恐龙蛋密密麻麻地散布了一大片，让人们有一种无时无刻不在蛋壳上行走的感觉。这也是有史以来发现恐龙蛋最多的一次。

瑞氏普尔塔龙 *Puertasaurus reuili*

阿根廷科学家发现了一种曾经生活在地球上的巨型恐龙的脖子、背和尾部骨头化石，后被命名为瑞氏普尔塔龙。这种恐龙有着长长的脖子和尾巴，身长 35~40 米，体重达 80~110 吨，最令人印象深刻的是其巨大的脊椎骨——高可达 1.06 米，横突宽可达 1.68 米！同时，其胸腔直径达 5 米，可以将一头成年大象装入胸腔，这简直是不可思议。因此，瑞氏普尔塔龙被认为是地球上最大型的恐龙之一。

恐龙档案

生活时期	白垩纪晚期
栖息环境	森林、平原
食　物	植物
化石发现地	阿根廷

南极龙 *Antarctosaurus*

　　南极龙虽然名字中有"南极"二字，却并不是在南极洲发现的恐龙，而是发现于南美洲和印度，其意为"与北方相反"。南极龙有着长长的脖子和尾巴，身体可能覆盖鳞甲。由于迄今为止还没发现一具完整的骨架，而蜥脚类恐龙的体型差异较大，所以对于其身长、身高还无法确定。

恐龙档案

生活时期　白垩纪中晚期

栖息环境　森林、平原

食　　物　植物

化石发现地　南美洲（阿根廷、乌拉圭、
　　　　　　智利、巴西）、亚洲（印度）

异齿龙科

醒 龙 *Abrictosaurus*

醒龙的牙齿特征为：颊齿间隔较宽，齿冠较矮；而犬牙在过去一度被认为没有生长。直到在南非开普省与莱索托加查斯内克区出土了两件醒龙化石，才发现了其长着犬牙的化石证据。上颌的犬齿形牙齿长为 10.5 厘米，下颌的犬齿形牙齿长为 17 厘米。不过，这些犬齿形牙齿仅前侧具有锯齿状边缘，与后来异齿龙的犬齿形牙齿前后都有锯齿状边缘不同，所以醒龙一般被认为是异齿龙科的基础物种。

恐龙档案

生活时期	侏罗纪早期
栖息环境	沙丘与季节性的泛滥平原
食　　物	植物
化石发现地	非洲南部

果齿龙 *Fruitadens*

果齿龙是已知最小型的鸟臀类恐龙，身长约 70 厘米，体重不超过 0.8 千克。果齿龙上颌的大型犬齿形牙齿与下颌齿列的空隙可以咬合，而且犬齿形牙齿前方有一颗小型棒状牙齿，并具有牙齿生长替换的迹象。棘齿龙与天宇龙是果齿龙的近亲，与侏罗纪早期的异齿龙科恐龙相比，这三种恐龙的颌部较不特化，因此认为其所食食物较广泛，除了植物，可能还会食用昆虫等小型动物。

恐龙档案

生活时期	侏罗纪晚期
栖息环境	泛滥平原
食　　物	植物或小型动物
化石发现地	北美洲

异齿龙 *Heterodontosaurus*

异齿龙意为"长有不同类型牙齿的蜥蜴"。其化石最早发现于20世纪60年代，身体娇小轻盈，大小如一只火鸡，视力极好，前肢可以抓取食物，后肢可以快速奔跑，灵活的尾巴可以平衡身体，由于异形牙齿而被人们熟知。异齿龙是原始的鸟脚类恐龙，同时也是最小的鸟脚类恐龙。

三种牙齿

异齿龙的第一种牙齿长在嘴巴前面，叫作切齿，这种牙齿非常锋利，可以利落地切断坚硬的植物；第二种牙齿长在嘴巴的两侧，叫作颊齿，颊齿紧密地挨在一起，负责咀嚼食物；第三种牙齿是一对犬齿形牙齿，这是异齿龙有趣而独特的标志，这对牙齿不仅能当作武器保护自己，还能当作装饰品吸引雌异齿龙。

灵活的手指

异齿龙前肢的肌肉非常发达，掌上长有五指，中间三根指比较长，且有钝爪，还有两根手指则又短又小。异齿龙会用中间三根灵活的手指寻找食物，比如从地下挖出营养丰富、水分充足的根茎，有时还会挖开蚁巢吃蚂蚁。而每次找食完毕，异齿龙还会爱惜地将爪子舔干净收起来。

恐龙档案

生活时期　侏罗纪早期

栖息环境　沙地灌木丛中

食　　物　树叶和植物块茎，还可能有昆虫

化石发现地　南非

活动

异齿龙的活动范围相当大，为了寻找食物，它可能会走遍非洲南部整个半沙漠化地区。异齿龙进食时通常四肢着地，和现代牛、羊的进食方式十分相似。

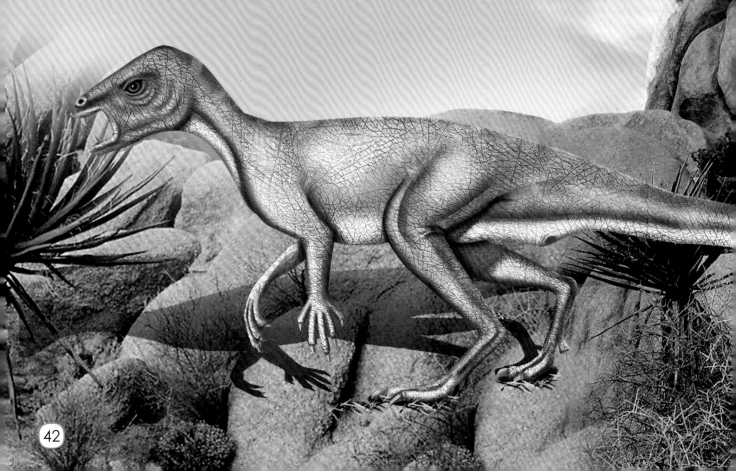

天宇龙 *Tianyulong*

天宇龙是已知世界上第一例拥有羽毛结构的鸟臀类恐龙。在我国辽宁省建昌县发现的一具天宇龙化石，其颈部、背部、尾巴有明显的毛状痕迹，其中尾部的毛状痕迹最长，长约6厘米，这些毛状结构呈细管状，内部中空，彼此平行，没有分叉，似乎相当坚硬。由于之前羽毛结构只发现于兽脚类恐龙，所以天宇龙的发现使羽毛的演化研究更为复杂。

恐龙档案

生活时期	侏罗纪晚期至白垩纪早期
栖息环境	森林
食　物	植物或昆虫
化石发现地	亚洲

奔山龙 *Orodromeus*

奔山龙是一种小型、二足行走的植食恐龙, 化石仅发现于美国双麦迪逊组地层。其颧骨有隆起, 眼睑骨后端与眶后骨相接, 上颌骨与齿骨上的牙齿发达且呈三角形, 并长有角质喙, 可以很容易地切断、磨碎食物。美国蒙大拿州曾经发掘到奔山龙的幼体骨骼, 其保存在蛋壳之内, 非常完整。

恐龙档案

生活时期	白垩纪晚期
栖息环境	森林、平原
食　　物	植物
化石发现地	美国

加斯帕里尼龙 *Gasparinisaura*

　　1992 年，加斯帕里尼龙第一批化石发现于阿根廷，其中包括部分身体骨骼和头颅骨，但大部分脊柱缺失。加斯帕里尼龙的颧骨前方有个细长骨突，并被上颌骨与泪骨夹住；颧骨后段高而宽广，这是种原始特征。古生物学家曾在其化石中发现胃石，由 40 ～ 100 块圆且光滑的石头构成，平均直径约 8 厘米，堆积于腹部。这些胃石约占全身体重的 0.3%，帮助胃部磨碎、消化食物。

　　加斯帕里尼龙是继南方棱齿龙之后，第二种发现于南美洲的棱齿龙科恐龙。

恐龙档案

生活时期　白垩纪晚期

栖息环境　林地

食　　物　植物或昆虫

化石发现地　阿根廷

棱齿龙 *Hypsilophodon*

棱齿龙是种相当小的恐龙，身长只有2.3米，身高只达成年人的腰部，体重不超过70千克，头部也只相当于一个成年人的拳头大小，是一种较为原始的恐龙。

牙齿

棱齿龙具有一般鸟脚类恐龙都有的一个重要特点：上颌牙齿齿冠向内弯曲，下颌牙齿齿冠向外弯曲。因此，其上下颌的牙齿形成了一个很好的咀嚼面，而且颌部铰关节低于齿列，当上颌向外移动时，下颌会反向朝内移动，上下齿列便会不断磨合，棱齿龙可能正是借由这个方法，自行轮流磨尖这些牙齿。

恐龙档案

生活时期	白垩纪早期
栖息环境	森林
食　　物	低矮植物的叶子
化石发现地	亚洲、澳大利亚、欧洲和北美洲

原始特征

尽管棱齿龙生存于恐龙时代的最后一期，但仍有许多原始的恐龙特征。比如：棱齿龙每个手掌有 5 根指骨，每个脚掌有 4 根趾骨，而大部分恐龙到白垩纪时期，指骨只有 2 ～ 3 根；另外，棱齿龙的颌部前方仍有三角形牙齿，而大部分恐龙到这个时代，都失去了前部的牙齿。

食物

棱齿龙的颌部长有 28 ～ 30 颗棱状牙齿，且这些牙齿可以不断生长替换。由于体型较小，棱齿龙一般啃食低矮植物的幼枝和根茎，它们先将食物储存在颊囊里，然后再用后面的牙齿慢慢咀嚼。其饮食行为与现代的鹿极为相似。

逃跑

棱齿龙胆子非常小，时刻都在左顾右盼，留意着周围的动静，而逃跑是它们唯一的自卫方式。棱齿龙视力敏锐，可以及早发现逼近的敌人，还能像羚羊一样躲闪和迂回。

禽 龙 *Iguanodon*

禽龙化石是人类发现的第一种恐龙化石，其也是第二种被命名的恐龙。由于牙齿与现代鬣蜥的牙齿极像，故有禽龙之名，意思是"鬣蜥的牙齿"。禽龙是禽龙科恐龙中体型最庞大的一种，身长可达9米，身高可达5米，体重约4.5吨。其发现者为英国乡村医生曼特尔夫妇。

手指

禽龙前肢的5根指头非常灵活。中间3根并拢起来呈蹄状爪，可以承受重重的身体；第5指又细又长，可向掌心弯曲，方便抓握；大拇指呈矛状，长着十几厘米长的尖爪，相当于一件锋利的防御武器。

手腕

为了支撑庞大的身体，禽龙的手腕愈合在一起，以防止脱臼。

群居

　　在比利时，人们发现许多禽龙遗骸聚集在一起，这说明禽龙是一种群居恐龙。集体生活对于禽龙来说，可以更好地保护自己。当遇到危险时，它们能相互照应，共同对付敌人。

恐龙化石的首次发现

　　1822 年，一个叫吉迪恩·曼特尔的乡村医生去给病人看病，结果他的妻子玛丽在接丈夫的路上无意中发现了一块巨大的动物化石，后被归类于禽龙，从此揭开了恐龙化石研究的序幕。

恐龙档案

生活时期　白垩纪早期
栖息环境　树林
食　　物　马尾草、蕨树叶和苏铁叶
化石发现地　欧洲、北非、北美洲

高吻龙 *Altirhinus*

高吻龙是一种生活在白垩纪时期的恐龙。其成年后体长可达8米，体重可达2.5吨，有一个巨大的口鼻部，鼻端明显拱起，故得此名。到现在为止，所有的高吻龙化石标本都是由苏联及蒙古国科学家共同挖掘，发现于蒙古国的东戈壁省。

移动方式

高吻龙的前肢约为后肢的一半长，似乎是用双足行走。但是它前肢的腕骨厚而结实，说明其可以支撑身体重量，因此它也可能用四足行走。

前肢

高吻龙前肢有5根指头，中间3根指头很厚，可能是用来支撑身体重量的；最外侧的指头与禽龙相似，呈尖锐的刺状，除了用于防卫，还负责在进食时破开水果和种子的硬壳；而第5根指头可能只是用来配合其他指头抓住食物。

咀嚼

高吻龙的嘴巴前端有角质喙嘴。喙嘴和嘴巴内部的牙齿之间有一个很大的裂口，所以两部分可以分开使用。高吻龙一边用喙嘴咬断食物，一边用牙齿进行咀嚼。其实，很多植食恐龙都有这个本领。

恐龙档案

生活时期　白垩纪早期
栖息环境　平原
食　　物　植物
化石发现地　亚洲蒙古国

豪勇龙 *Ouranosaurus*

豪勇龙又名无畏龙，其辨认特点为：前肢大拇指呈钉状，帆状物自背部经臀部一直延伸到尾部。过去，豪勇龙背部的帆状物一度被认为是由厚而长的脊椎神经棘柱支撑组成，长度约50厘米，与著名肉食恐龙棘龙的"背帆"相似。实际上，棘龙的棘柱末端变细，而豪勇龙的棘柱末端则变厚，且棘柱由肌腱连接在一起，最后棘柱在前肢位置达到最长。这些特征显示：豪勇龙的脊背上并没有"帆状物"，而是隆肉，类似美洲野牛的隆肉。

豪勇龙生活在炎热干旱的非洲，脊背的隆肉可能用来储藏脂肪或水，如同现在的骆驼，以便度过食物缺乏的季节。

恐龙档案

生活时期　白垩纪早期
栖息环境　河流三角洲地区
食　　物　植物
化石发现地　非洲

手指

豪勇龙的前肢有拇指尖爪，中间3根指骨宽广，类似蹄状，更适合于行走，这点不同于较早期的禽龙。

鸭嘴龙科

鸭嘴龙 *Hadrosaurs*

　　鸭嘴龙生存于白垩纪晚期的北美洲。由于当时气候温暖，植物茂盛，且没有什么天敌，所以鸭嘴龙家族十分兴盛，在吃植物的恐龙中约占75%。鸭嘴龙体型庞大，可用后肢站立，头部没有冠饰，但口鼻处有一块硬的突起。令人吃惊的是，鸭嘴龙的嘴巴里长着成百上千颗牙齿，这些牙齿一层一层地排列着，上层的牙齿磨损后，下层的会很快补上，因此鸭嘴龙也成为了牙齿最多的恐龙。

恐龙档案

生活时期　白垩纪晚期

栖息环境　沼泽和森林

食　　物　树枝、树叶和种子

化石发现地　北美洲

副栉龙 *Parasaurolophus*

副栉龙因化石比栉龙晚发现十几年而得名，意思就是排名第二、长着头冠的恐龙。副栉龙头顶的冠饰大而修长，并向后方弯曲，看起来像一把小号，长度可达 2 米，内部有中空细管，应该可以发出低沉的声音。副栉龙还有一个有趣的特点，它们虽然有数百颗牙齿，但是每次只使用一小部分，而且牙齿被磨损后，还会长出新的牙齿。

集体防御

副栉龙没有力量十足的尾巴，也没有坚硬的盔甲和锋利的牙齿，为了躲过肉食恐龙的追捕，它们选择成群地生活在一起，利用极好的视力和灵敏的嗅觉及时发现危险。有时，它们也会用头冠发出警报或求救的信号。

恐龙档案

生活时期　白垩纪晚期

栖息环境　森林

食　　物　植物

化石发现地　加拿大、美国

棘鼻青岛龙

Tsintaosaurus spinorhinus

棘鼻青岛龙发现于中国山东省莱阳市。这不仅是我国发现的最著名的有顶饰的鸭嘴龙化石，也是我国首次发现的完整的恐龙化石。这具化石身长为6.62米，身高为4.9米，独特之处在于其两眼之间长着一个带棱且中空的棒状棘，并向前突出，很像独角兽的角，长可达0.4米。这也使得棘鼻青岛龙成为了恐龙世界中的"独角兽"，不过这只角究竟有什么作用，目前还无法确定。

恐龙档案

生活时期　白垩纪晚期

栖息环境　树林

食　　物　树叶、水果和种子

化石发现地　中国山东省

冠　龙 *Corythosaurus*

冠龙的头顶长有一个半圆形冠，其中空，且与鼻腔相通，可以发出声音。冠的大小、形状与体型、性别及年龄有关，一般幼年冠龙没有冠饰，雄性的冠饰最大。当一群冠龙发出鸣声时，相当于一支古老的铜管乐队在演奏，十分壮观！冠龙性情温和，身上也没有盔甲、利爪或尾锤，它们平时就依靠敏锐的嗅觉和出色的视力来躲避肉食恐龙的袭击。

恐龙档案

生活时期	白垩纪晚期
栖息环境	树林
食　物	树叶、种子和松柏类的针叶
化石发现地	加拿大、美国

慈母龙 *Maiasaura*

慈母龙是恐龙王国中最后存活的恐龙之一。1979年，古生物学家在美国发现了一些恐龙窝，里面有许多小恐龙的骨架，于是这种恐龙就被命名为慈母龙。慈母龙身长可达9米，体重约2吨，拥有鸭嘴龙科典型的平坦喙状嘴，且前部没有牙齿，鼻部厚，眼睛前方有小型的尖状冠饰，用四足行走，也可以二足快速奔跑。

筑巢

繁殖季节，慈母龙在泥地上挖出一个差不多和圆形饭桌一样大的坑，有时还会铺些柔软植物。

产蛋

雌慈母龙将蛋产在坑里，一般有二三十枚，但有的可达40枚，呈柚子形。

孵化

慈母龙守在坑旁，等待宝宝出世。有时雌慈母龙还会卧在蛋上为宝宝"保暖"。有时一只慈母龙去觅食，另一只依然会看护蛋巢，以免被肉食恐龙吃掉。

照顾

小恐龙出世后，慈母龙会精心照顾。小恐龙每天都要吃掉几百斤鲜嫩的植物、水果及种子，所以寻找食物是一项非常辛苦的工作。而对于那些坚硬的植物，慈母龙总会嚼碎再喂给小恐龙。

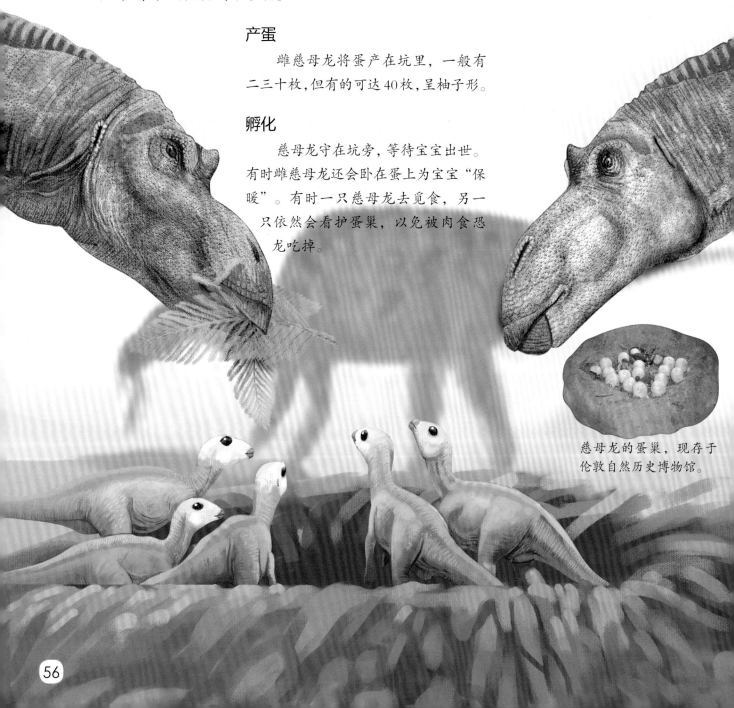

慈母龙的蛋巢，现存于伦敦自然历史博物馆。

恐龙档案

生活时期　白垩纪晚期

栖息环境　海岸平原

食　　物　树叶、果实和种子

化石发现地　美国、加拿大

教育

　　小恐龙会走路后，慈母龙父母会带着它们活动，并教给它们许多生活技能。每次外出，小恐龙都会走在中间，慈母龙夫妇走在两边，时刻保护着孩子的安全。

独立

　　小恐龙在窝中一直长到自己能照顾自己时，就会加入到恐龙群中。最后，整个恐龙群迁移到其他地方，寻找新鲜的食物。

群体生活

　　除了一条强壮的尾巴，慈母龙几乎没有任何武器可以抵御肉食恐龙的袭击，因此它们总是集体活动。有时，慈母龙群异常庞大，差不多由一万多只慈母龙组成。

埃德蒙顿龙 *Edmontosaurus*

埃德蒙顿龙得名于加拿大一个叫作埃德蒙顿的城市，1917年，人们在那里发现了这种恐龙的第一块化石。埃德蒙顿龙属于鸭嘴龙科，成年后身长可达13米，体重约4吨。其嘴巴宽阔、扁平似鸭嘴，头部缺乏中空头冠。

恐龙档案

生活时期　白垩纪晚期
栖息环境　沼泽地
食　　物　植物
化石发现地　美国、加拿大

牙齿

埃德蒙顿龙有将近一千颗牙齿，密集分布于上下颌后部，并被强劲的面部肌肉连在一起，可以咀嚼植物。当牙齿磨损或掉落后，会长出新的牙齿。不过，新牙长得有点慢，大约需要一年才能完全长出来。

声音

埃德蒙顿龙的鼻子上方有一块皱巴巴的皮肤，叫作鼻囊。每当遇到危险时，埃德蒙顿龙就会用力吸气，使鼻囊像气球一样膨胀起来，接着它们又把气吹出去，这时就会发出响亮的声音。当追求伴侣或向对手发出警告时，埃德蒙顿龙总会用鼻囊发声。

同名恐龙

埃德蒙顿龙和埃德蒙顿甲龙差不多生活在同一时代，名字也只有一字之差，但实际却是两种完全不同的恐龙。埃德蒙顿龙属于鸭嘴龙家族，而埃德蒙顿甲龙则来自甲龙家族。因为它们的第一块化石的发现地相同，所以才有了让人混淆的名字。

逃生

与其他鸭嘴龙科恐龙一样，埃德蒙顿龙摆脱危险的方法只有一种——用后肢尽力奔跑。不过，埃德蒙顿龙身躯庞大，所以很难快速奔跑，因此常常会成为霸王龙等肉食恐龙的袭击目标。

埃德蒙顿龙头骨化石

剑龙类

剑龙 *Stegosaurus*

剑龙是剑龙类恐龙中最大的成员，也是最知名的恐龙之一，其背部排有两列大小不等的骨质棘板，尾部有四根尖刺。剑龙出现于侏罗纪中期，繁盛于侏罗纪晚期，到白垩纪早期逐渐衰退并灭绝，在地球上生存了一亿多年。它们被认为是居住在平原上，并且以群体游牧方式生活的植食恐龙。

大脑

剑龙可能是恐龙王国中大脑最小的恐龙，相对于9米长的身体，它的大脑只有一颗核桃般大小，所以剑龙并不聪明，总是一副呆头呆脑的样子。即使情况危急，它们由于反应迟钝看起来总是很"淡定"。

恐龙档案

生活时期	侏罗纪中晚期
栖息环境	河湖丛林
食　　物	低矮植物的嫩叶
化石发现地	北美洲、欧洲

寿命

剑龙虽然很笨，可大多数都可以活200多岁。古生物学家推测，剑龙其实有两个"大脑"——一个位于脑部，叫作"主脑"；另一个位于臀部，叫作"副脑"。在这两个大脑的配合下，剑龙并不笨，生存能力也很强，所以才会很长寿。

骨板

对于剑龙的骨板，一直以来都是古生物学家研究的重点。对于其功能众说不一：有人认为其是用来自卫的，但这些骨板并未长在骨头上，而是被皮肤包裹，所以并不坚固，很难进行攻击；也有人认为其是用来调节体温的，通过体内的血液使温度升高或降低；还有人认为骨板是剑龙的"身份证"，通过骨板可以很快辨认出对方。

抵御手段

剑龙虽然长着夸张而恐怖的骨板，实际却是一种性情非常温和的恐龙，即使遇到凶猛的敌人，它们也从不会主动攻击，而是费尽心思想把对方吓走。只有在被逼无奈时才会挥动尾巴，进行一场激烈搏斗。

华阳龙 *Huayangosaurus*

华阳龙化石首先发现于我国四川省自贡市大山铺恐龙动物群化石点，因四川古称华阳，而得此名。华阳龙化石的出土，使人们开始对早期剑龙有了一定了解。而从华阳龙两排独特的心形剑板，和长短相差无几的前后腿来看，古生物学家认为，这种恐龙算得上是剑龙类的"老祖宗"了。

华阳龙的后代虽然又高又大，但华阳龙较小，平时不仅只能吃那些低矮的植物，还是许多肉食恐龙的目标。

恐龙档案

生活时期　侏罗纪中期
栖息环境　森林、草地
食　　物　低矮植物
化石发现地　亚洲

华阳龙骨架

钉状龙 *Kentrosaurus*

恐龙档案

生活时期　侏罗纪晚期
栖息环境　森林
食　　物　低矮植物
化石发现地　东非坦桑尼亚

钉状龙的大小和一头犀牛差不多，从脖颈到脊背中部有 7 对骨板，而脊背中部到尾端则变为长而尖的角，长可达几十厘米，且尾巴末端的一对棘刺略向前倾，这不同于其他剑龙尾巴上的棘刺。另外，钉状龙的双肩上分别有一根长长的刺突伸向两侧，可用于自卫。

甲龙科

甲 龙 *Ankylosaurus*

甲龙是甲龙科中最大也几乎是最晚出现的恐龙。它们体型巨大，长可达11米，体重可达4吨，身体缀满数以百计的骨质碟片，从颈部到尾部还有一排排骨质尖刺，且头部后侧有一对角。其行动迟缓，有"活坦克"之称。

甲龙的尾巴上还长着一个大大的骨槌，可以快速挥动，击碎肉食恐龙的牙齿和头骨。

恐龙档案

生活时期	白垩纪晚期
栖息环境	树林
食　　物	嫩枝叶或多汁的根茎
化石发现地	玻利维亚、美国、墨西哥

怪嘴龙 *Gargoyleosaurus*

作为甲龙科成员，怪嘴龙是一种相对来说更原始、更独特的恐龙，比如其上下颌长满牙齿，鼻孔又大又直又通畅，护体的骨质碟片中空，因此并不沉重，这些都和后来进化的甲龙科恐龙不同。怪嘴龙的名字来源于法国的一种建筑风格——哥特式建筑。在哥特式建筑中，经常会在墙面上看见许多奇形怪状、面目狰狞的怪兽状滴水嘴，用以将屋顶的雨水排出，以免把墙面淋湿。而怪嘴龙的嘴巴和怪兽状滴水嘴很像，因此就有了现在这个名字。

恐龙档案

生活时期　侏罗纪晚期
栖息环境　树林
食　　物　低矮植物
化石发现地　美国

头甲龙 *Euoplocephalus*

头甲龙是典型的甲龙科恐龙。它们的身体覆盖着一层坚厚的骨质甲板,从脖颈到背部及尾部还有不同形状的钉状物和板状物,而其头部的小块骨板更多、更重,不过这样可以很好地保护头部,其眼部还长有骨质眼睑。头甲龙的尾巴末端有一个大骨块,形成了一个"锤头",至少有30千克重,是很厉害的武器。当肉食恐龙逼近时,它们就挥动尾巴进行反击。

恐龙档案

生活时期	白垩纪晚期
栖息环境	森林、平原
食　　物	低矮的蕨类植物等
化石发现地	加拿大、美国

戈壁龙 *Gobisaurus*

戈壁龙的化石发现于我国内蒙古自治区巴彦淖尔市乌梁素海地区，其中包含了一个头颅骨和部分颅后骨。戈壁龙是大型的甲龙科恐龙，头颅骨长约 46 厘米，宽约 45 厘米，其名字是以化石发现地内蒙古戈壁沙漠来命名的。戈壁龙与沙漠龙较为相似，但前者头盖骨上没有沟痕，后者则有；另外，二者的上颌齿列长度也不同。

恐龙档案

生活时期　白垩纪晚期
栖息环境　沙漠
食　　物　植物
化石发现地　中国

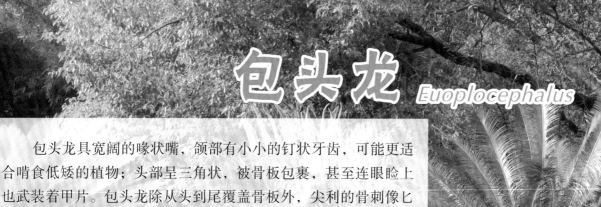

包头龙 *Euoplocephalus*

包头龙具宽阔的喙状嘴，颌部有小小的钉状牙齿，可能更适合啃食低矮的植物；头部呈三角状，被骨板包裹，甚至连眼睑上也武装着甲片。包头龙除从头到尾覆盖骨板外，尖利的骨刺像匕首一样插满全身，而尾巴更像一根坚实的棍子，末端还有沉重的骨槌。

弱点

包头龙身披铠甲，尾部有沉重的骨槌，不过和其他甲龙科恐龙一样，包头龙也有一个弱点——柔软的腹部没有骨板的保护。肉食恐龙只要将包头龙弄得四脚朝天，那么它们就能以腹部为突破口，将包头龙吃掉。

恐龙档案

生活时期　白垩纪晚期

栖息环境　森林

食　　物　低矮的蕨类植物等

化石发现地　北美洲

生活

　　从挖掘出的化石可以发现，幼年包头龙过着群居生活，还受到父母的照顾。不过，当包头龙成年后，它们会选择独自生活，在丛林里游荡、觅食。

眼睑

　　包头龙的眼睛上覆盖着小小的骨板，就像一扇百叶窗，可以自动合上或打开，保护眼睛不受伤害。

角龙科

五角龙 *Pentaceratops*

　　五角龙也是一种非常著名的恐龙，不过，它们并没有五只角，而是和大多数角龙科恐龙一样，只有三只角——鼻拱上有一只直角，眉拱各有一只角，而另外两只角不过是古生物学家第一次发现五角龙化石时，将它们异常突起的颧骨也误当作两只短角了。

恐龙档案

生活时期	白垩纪晚期
栖息环境	森林、平原
食　物	植物
化石发现地	北美洲

颈盾

　　五角龙的颈盾具有十分巨大的褶边，边缘有三角形的骨突，而且也可能有鲜艳的色彩，以便吸引异性。由于盾板不够坚固，因此五角龙无法将其作为武器保护自己。

头颅骨

　　五角龙因拥有陆地脊椎动物中最大型的头颅骨而著名。1998年，古生物学家复原了一只五角龙的头颅骨，长度可达3米。

开角龙 Chasmosaurus

开角龙的头部有三只角，这点和著名的三角龙非常相似，但它们体型较小，且拥有比三角龙更夸张、更华丽的颈盾板。开角龙的颈盾板中空，不够坚固，因此可能用来威吓敌人或吸引伴侣，而无法进行激烈的搏斗。现在，古生物学家推测，开角龙中长着长额角的是雄性，长着短鼻角的是雌性。

恐龙档案

生活时期　白垩纪晚期

栖息环境　树林

食　　物　铁树目裸子植物、
　　　　　棕榈和其他植物

化石发现地　北美洲

牛角龙 *Torosaurus*

　　考察人员曾经发现一个约 2.4 米长的牛角龙头骨化石，约占其身体的一半长，相当于 13 个人的脑袋那么大！除了长有巨型大脑袋，牛角龙还长着壮观的颈盾，当它们低下那巨大的脑袋时，壮观的颈盾竖起来，使得牛角龙远远看去变成了一个超大型怪兽！

　　另外，牛角龙的眼睛上方有两只大尖角，鼻子上方还有一只小角，拥有了这些装备，牛角龙即使与庞大的肉食恐龙较量也毫不逊色。

恐龙档案

生活时期　白垩纪晚期
栖息环境　河岸平原
食　　物　植物
化石发现地　北美洲

无鼻角龙 *Arrhinoceratops*

无鼻角龙的化石于 1923 年在加拿大艾伯塔省的红鹿河附近被发现，这是一个部分被压碎且略有扭曲的头颅骨。其名意为"无鼻有角的面"，因为命名者最初认为这种恐龙没有鼻角，然而后来的研究发现其有短鼻角。无鼻角龙的头颅骨有着宽阔的颈盾，上还有两个椭圆形开口，额角长度中等，但鼻角短而钝。因为目前只有头颅骨化石，所以对于其整体构造了解甚少。

无鼻角龙是三角龙的近亲，但其出现时间要比三角龙早几百万年。

恐龙档案

生活时期　白垩纪晚期
栖息环境　森林
食　　物　植物
化石发现地　北美洲

华丽角龙 *Kosmoceratops*

华丽角龙的头颅骨有很多隆起，是目前已知恐龙中最多的一种。其鼻角扁平，类似刀片；眼睛上方的额角修长、尖锐，向头部两侧伸出且向下弯；前额还有一个拱形隆起部分。

另外，华丽角龙的颈盾是角龙科恐龙中最短的，且后端有多达 10 个角状物，其中 8 个向前弯曲，其余两个位于两侧，并向外弯曲。

恐龙档案

生活时期	白垩纪晚期
栖息环境	林地、平原
食　物	植物
化石发现地	美国

尖角龙 *Centrosaurus*

尖角龙又名独角龙，这源于其鼻子上方长着一个长长的角，长约 47 厘米。尖角龙拥有一个大型头颅，成年后长约 1 米，且颈盾十分沉重，这使得尖角龙即使轻轻摇晃脑袋，头骨也要承受很大的压力。为此，它们将脖子里的颈椎一个个连接起来，就像用一把把锁头将它们牢牢锁住，这样脖子和肩膀就变得十分强壮，可以承受很大的重量，不用担心脖子被压断了。

恐龙档案

生活时期	白垩纪晚期
栖息环境	森林
食　　物	低矮的植物
化石发现地	加拿大

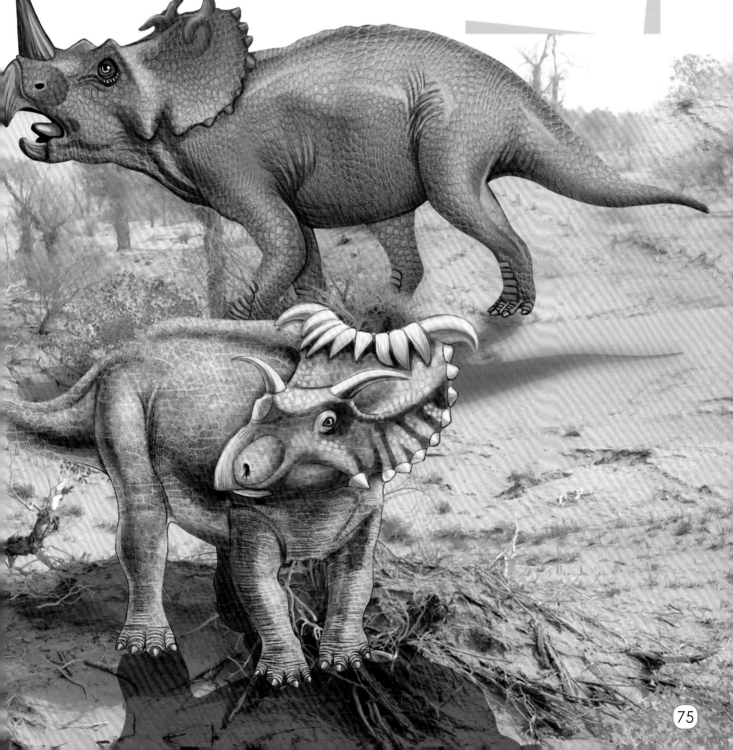

三角龙 *Triceratops*

在恐龙时代末期登场的三角龙，是角龙家族中最著名的一种，被称为"角龙之王"。它们的鼻角短小而厚实，1对眉角长可达1米，空心，向前弯曲，且在鼻拱处略向外弯。这种充满攻击性的长相使三角龙看起来嚣张至极，可实际上，它们只会和凶猛的肉食恐龙搏斗，从不会轻易攻击那些植食恐龙。

头颅骨

三角龙的头颅骨大而沉重，大部分时间需要低着头走路。不过由于头颅骨结实，因此比其他恐龙的头颅骨更容易保存。目前，古生物学家已经发现了近50只三角龙头颅骨化石，且大部分保存较好。

颈盾

三角龙的颈盾长可达 2 米，相当于整个身体长度的 1/3，十分结实，重量可达 2300 千克。褶皱外缘有一圈尖利的骨质突起，既是一种吸引异性的装饰，也是一种防御敌人的辅助武器。

斗争

三角龙是一种群居恐龙，因此内部常常会因为领地和配偶而展开决斗。三角龙的内部斗争比较温和，与现代的鹿相似，雄三角龙相互顶着对方的头部，你推我搡，直到把一方打倒或迫使对方放弃。

攻击

三角龙一旦遭到攻击，就会收起庞大的身躯，压低头部，将尖角指向对方，并以此防御架势吓退敌人。大名鼎鼎的霸王龙以凶残著称，但是在与三角龙的决斗中常常败北而归。

牙齿

三角龙的嘴巴里长着几百颗牙齿，有的甚至超过了 800 颗，这些牙齿一排一排分布着，若哪个磨损或掉落，便会长出新的代替。

三角龙化石

恐龙档案

生活时期　白垩纪晚期
栖息环境　森林
食　　物　植物
化石发现地　美洲

肿头龙类

肿头龙 *Pachycephalosaurus*

　　肿头龙是在恐龙王国进入灭亡倒计时登场的一位"小丑"，之所以这么说，是因为肿头龙的头顶是一个大约 25 厘米厚的坚硬的骨质盆，看起来就像是被打肿或者是长了一个大瘤子，周围还被粗糙的皮肤和许多突起物覆盖，看起来相当滑稽。这种独特的外形令人印象深刻，在种类繁多的恐龙王国中极易辨认，而"肿头龙"之名对它们来说真是名副其实。

肿头龙头骨

争斗

肿头龙是一种群居恐龙。为了争当首领，雄肿头龙之间会像现在的山羊一样，用"撞头"的方法一较高下。它们你顶着我的脑袋，我顶着你的脑袋，撞来撞去，直到一方认输或放弃。最后获胜的肿头龙往往是脑袋最硬的、耐力最强的，也是最受大家尊敬的新首领。

逃跑

肿头龙的脑袋虽然很坚硬，但是并不能帮助它们抵御肉食恐龙的袭击。所以肿头龙在遇到危险时，一般会凭借敏锐的听觉和视力快速逃跑。

当无法逃脱时，一群肿头龙会同心协力，将肉食恐龙围起来，摆出一副要狠狠撞击的架势，从而威吓肉食恐龙，使其胆怯而逃跑。

恐龙档案

生活时期　白垩纪晚期

栖息环境　森林

食　　物　树叶和果实，也可能有小动物

化石发现地　北美洲

冥河龙 *Stygimoloch*

　　冥河龙拥有精巧而复杂的头饰，是肿头龙类乃至整个恐龙王国中面目最可怕、最狰狞的一种。1983年，冥河龙化石首次在美国蒙大拿州的地狱溪被发掘出土时，其遗骸令人惊骇！遗憾的是，迄今只发现了5具冥河龙的头骨化石，以及一些零零碎碎的身躯遗骸，因此对其了解较少。整体来说，冥河龙体型较小，头部有一个坚硬的圆形顶骨，周围布满了锐利的尖刺，前肢细小，有结实的长尾巴。

　　冥河龙和肿头龙有亲戚关系，不过它们进化得比肿头龙更加高级，属于肿头龙家族的后起之秀。

恐龙档案

生活时期　　白垩纪晚期
栖息环境　　森林和岸边
食　　物　　植物
化石发现地　北美洲